大自然中的数学

奇妙的规律：春

[加拿大] 莉安·弗拉特 / 著　[加拿大] 阿什莉·巴伦 / 绘

周晓音 / 译

中信出版集团 | 北京

你想过吗？动物和植物也懂数学哟！

如果自然界的万物跟你一样认识数字，那会是怎样的景象呢？

让我们看看春天的世界吧！

想象一下，在春天的自然界中有哪些规律和分类现象？

如果雨点不是随意从天空飘落，

而是有着节奏和重音，

就像乐章，

那会是怎样的旋律？

滴滴答，滴滴答，
落雨溅起水花。
蚯蚓从泥土中醒来，一扭一扭往外爬。

你能为小雨点编一个节奏吗？
用手拍拍看。

越来越多的雨点滴滴答答落下，
蚯蚓扭啊扭，总想钻出地面，
在潮湿而有节奏的雨中聚在一起。

你能找出图中蚯蚓从地面
钻进钻出的规律吗？

草原松鸡是不是提前做了练习，走路的声音才如此整齐？

喔——喔——啪！扑通——砰——砰！

试着表演一下这个节奏。

扑通！

砰——砰——

鸟儿们用心摆放自己的蛋，
让树枝受力均衡更安全。

如果8只蜂鸟蛋和4只知更鸟蛋
一样重，那么以下摆放比例中，
哪两种是正确的？
3：1，8：4，5：2，2：1。

成群的胡瓜鱼儿游啊游，
它们学过排队的规律吗？

你能从队形中找出两种
排列规律吗？

四条乳蛇在觅食，
它们会不会按照身上图案的顺序吃东西？

每条乳蛇身上，最先出现的是
哪个蛋上的图案？

花儿难道只能一行一行，
按照固定的顺序生长？

哪一行花儿的规律是
ABA-ABA模式？你还
能找出哪些规律呢？

春天到了，

驯鹿褪掉鹿角。

它们是不是在小心地把鹿角

一堆一堆摆放好？

请把下面的鹿角按颜色分类摆放。除此以外，
还有其他的分类方法吗？

有些棉尾兔是不是在抱怨"窝小真糟糕"？

难道其他棉尾兔住得更宽敞？

哪些窝里有5只以上的兔宝宝？哪些窝里少于5
只？哪些窝里刚好有5只？

如果雨蛙们比赛谁的歌声最美，

那么胜出者是不是该开独唱会，

其他雨蛙从此静悄悄？

用手指数一数，三只雨蛙哪只得票最多？能做一个图表展示你的发现吗？

赤狐妈妈和宝宝能不能猜出，
赤狐爸爸会带回什么食物？

你能为赤狐一家的晚餐排序吗？田鼠、灰松鼠、兔子，还有猫，从最有可能到最不可能该怎么排？

如果蚊子误解或忽略了这张调查表，

那该如何是好？

根据这张图表，蚊子应该在哪里产卵？

早晨之后是中午，中午之后是晚上。

如果这个规律发生了变化会怎么样？

晚上、中午到早晨？

这可真让人迷茫！

我们已经喜欢上阳光照射到地球的规律：

早晨、中午、晚上……早晨、中午、晚上。

你怎么能判断出这是早晨？

你又如何判断出这是下午?

所以……大自然中的其他生物真的懂数学吗？

不可能！才不会呢！

事实上，只有一种生物需要数学，

那就是——你！

你如何分辨出这是晚上？

自然笔记

冬眠了整整一个冬天后，当春天来临、大地解冻时，蚯蚓又开始吃东西并四处活动了。它们会在下雨的时候爬出地面，到新的地方生活，以避免身体变干。

每年春天的求偶集会上，雄性草原松鸡会翩翩起舞以吸引雌性的注意，并用橘红色的气囊发出喔喔的声音来求偶。它们还会踩脚、趾高气扬地来回走，或是挥舞着翅膀飞向对方。

知更鸟产的蛋是蓝色的，通常一窝4个。红玉喉北蜂鸟通常一窝产2个豌豆大小的、白色的蛋。1个知更鸟的蛋差不多有2个蜂鸟蛋那么大。

早春，当湖里的冰雪融化后，成群的胡瓜鱼会在晚上从近海溯流而上，到小溪或河流附近产卵。一条雌鱼能产大约9.3万枚卵！

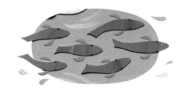

乳蛇的皮肤上有鲜艳的条纹，这让它看上去像某种毒蛇，可以吓跑想捕食它的动物。乳蛇的食物是啮齿类小动物、鸟、其他小蛇，以及鸟和其他蛇的卵。到了春天，成群的乳蛇会从冬眠的栖息地里爬出来。

春雨滋润大地，百花茁壮生长。在块茎里储存营养和水分的块茎类植物开花了；种子开始膨胀、发芽；大树和灌木也在吸收水分，它们的叶子将要吐绿，花儿也将绽放。

雌性驯鹿也有和雄性驯鹿一样的角。多数雄鹿的角会在11月脱落，而雌鹿的角一般要等到第二年春天生完小鹿后才开始脱落。驯鹿每年都会长出一对新的鹿角。

棉尾兔在地下的窝里生养小兔子。小兔子刚生下来时非常无助，但4~5周后便可以独立生活。遇到天敌时，棉尾兔会沿"之"字形的路线逃跑，以迷惑捕猎者。

雨蛙是一种非常小的青蛙，生活在潮湿的森林地带。雄蛙会发出唧唧的声音吸引雌性注意。成百上千的雨蛙一起唱歌是春夜里可怕的噪声。春天，它们在丛林中临时的水洼或者沼泽里产卵。雨蛙的脚掌有黏性，可以很轻松地爬到树上或者其他植物上。

赤狐利用自己的视觉、听觉和嗅觉捕猎。春季，当赤狐妈妈生下了小赤狐，赤狐爸爸就要为整个家庭捕猎。等小赤狐长大一些，爸爸妈妈会轮流外出捕食，并带一些回来给小赤狐吃。

蚊子在有水或者潮湿的地方产卵。卵孵化后，幼虫在水里生活。幼虫完全成熟后才能飞，这时它们才到陆地上生活，食用植物的汁液。雌蚊子需要吸食动物或者人类的血液来产卵。

地球围着太阳公转，所以太阳的方位会在我们视线中不断变化，这样才有了早晨、中午和晚上。但是地球上有些地方，如北极，会有极昼和极夜现象。北极的冬天，有半年的时间见不到太阳；春分之后，太阳又会24小时不落山。

巩固概念亲子游戏

1. 规律

所谓规律，就是在几何和数量关系里可预测的序列。与其说规律是数学的一个主题，不如说它是数学本身最重要的特质。

规律广泛存在于生活中，地板砖的设计、音乐的节奏、舞蹈的动作……孩子需要很多机会发现生活中的规律，这会帮助他们形成"数学很有用"的态度。

活动建议：

穿珠子。将各种珠子按规律穿成一串，也可以把不同颜色的吸管截成一段一段穿起来。意大利空心面也是一种不错的道具。

2. 节奏

儿歌、童谣等音乐及自然环境中的节奏，是生活中很常见的一种"规律"。

活动建议：

1. 尝试为同样的内容变化几种节奏形式，比如：雨滴的"滴—滴—答—×，滴—滴—答—×"，或者"滴滴—答，滴滴—答"。让孩子感受语言节奏的变化。

2. 父母可以一边说一边配上动作，比如拍手—拍腿—踩脚，还可以尝试速度越来越快。快到你自己都喘不过气的时候，你和孩子都会忍不住笑出来。然后换一种模式，比如拍手—拍手—踩脚。

3. 顺序

寻找乳蛇身上的图案中，哪个蛋上的形状是最先出现的。除此之外，仔细观察你还会发现，乳蛇身上图案的变化也是有规律的。

活动建议：

按照乳蛇身上的图案剪出一些纸片，然后按照每条蛇身上的图案顺序依次往下摆。

这个游戏熟练后，还可以让孩子自由摆放，看看孩子能设计出什么样的规律。

4. 分类

书中先提示孩子按照不同颜色分类。做完这个活动，可以再提示孩子按照鹿角的形状分类，接着问问孩子是否还有其他分类方式。同一事物可以按不同的标准分类。孩子天马行空的思维会让你大开眼界。

活动建议：

找出一些生活物品的图片让孩子分类，让孩子说说自己的分类标准。孩子的分类标准经常和成人不同，只要按照他们的逻辑能说得通就可以。

5. 数据分析

　　孩子对分类和规律的理解是进行数据分析的基础。认识和解读图表不但可以运用很多数学知识，而且是一次良好的语言训练机会。

　　数据收集的目的是回答那些答案不明显的问题。孩子不仅要学会看图表，还要通过图表预测信息。正如书中的提示，根据"蚊子栖息地"表，我们可以推测出哪个地方的蚊子更多。

活动建议：

　　尝试做图表，比如分析家里最受欢迎的水果是哪一种？需要注意的是，认识正式图表之前，孩子首先需要接触实物图表或图画图表。以预测赤狐爸爸的捕猎成果为例。父母可以跟孩子一起制作一张图表。

碧桐书院幼儿园创始人 周晓音 提供

图书在版编目（CIP）数据

奇妙的规律：春 /（加）莉安·弗拉特著；（加）阿什莉·巴伦绘；周晓音译 . -- 北京：中信出版社，2023.6（2025.2重印）
（大自然中的数学）
书名原文：Math in Nature: Sorting through Spring
ISBN 978-7-5217-5335-6

Ⅰ.①奇… Ⅱ.①莉… ②阿… ③周… Ⅲ.①数学—儿童读物 Ⅳ.① O1-49

中国国家版本馆 CIP 数据核字（2023）第 026024 号

Text © 2013 Lizann Flatt
Illustrations © 2013 Ashley Barron
Simplified Chinese translation copyright © 2023 by CITIC Press Corporation
ALL RIGHTS RESERVED

本书仅限中国大陆地区发行销售

奇妙的规律：春
（大自然中的数学）

著　者：［加拿大］莉安·弗拉特
绘　者：［加拿大］阿什莉·巴伦
译　者：周晓音
出版发行：中信出版集团股份有限公司
　　　　　（北京市朝阳区东三环北路 27 号嘉铭中心　邮编　100020）
承　印　者：北京利丰雅高长城印刷有限公司

开　本：889mm×1194mm　1/16	印　张：9	字　数：160 千字
版　次：2023 年 6 月第 1 版	印　次：2025 年 2 月第 3 次印刷
京权图字：01-2016-0078
书　号：ISBN 978-7-5217-5335-6
定　价：59.80 元（全 4 册）

出　品　中信儿童书店
图书策划　红披风
策划编辑　陈　瑜
责任编辑　王　琳
营销编辑　易晓倩　李鑫橦　高铭霞
装帧设计　哈_哈

大自然中的数学

多样的形状：夏

[加拿大] 莉安·弗拉特 / 著　 [加拿大] 阿什莉·巴伦 / 绘

周晓音 / 译

中信出版集团 | 北京

你想过吗？动物和植物也懂数学哟！

如果自然界的万物跟你一样认识数字，那会是怎样的景象呢？

让我们看看夏天的世界吧！

想象一下，在夏天的自然界中有哪些与形状和空间感相关的现象？

如果能到达太阳附近，
你会发现：
太阳啊，
原来像个球！

一对一对的光线，多数都是相互平行的。
你能找到不平行的光线吗？

太阳光芒四射，

地球沐浴在阳光里面。

让我们一起想象，

它是如何让鸟儿的羽毛多彩绚烂，

让身体变得温暖。

鼹鼠将洞挖成各种形状，
它们是在地下涂鸦吗？

你能从图中找到正方形、圆形、三角形和长方形吗？你还能找到其他形状吗？

蜘蛛正在织一张网，

它是不是在为新家做一面丝质背景墙？

你在蜘蛛网上看到了哪些形状？你能找出所有的正方形吗？

臭鼬们是不是先跺脚警告，跺出不同的警示图形，
再转过身来放屁反攻？

哪只臭鼬只画三角形？其他臭鼬所画的
警示图形有什么特征？

螃蟹是否先挖好沙窝，

再用沙子做出造型，

精心装饰门口？

你能找到球体、立方体、长方体、三棱锥和圆柱体吗？

独角鲸会把冰块分类吗?

哪一个才是它们的最爱?

你能找出圆锥体吗？哪些冰块的底面是圆形？哪些冰块的底面是方形？

河狸是不是在仿照人类的方法，
设计自己的河坝？

你能找出多少个立体图形？你能找到只
有一个面的图形吗？两个面和三个面的
呢？更多面的呢？

海雀夏天总在同一个地方居住，
难道它们认得方向，记住了回家的路？

选择以下词语来描述每只海雀相对于巢穴的位置：里面、外面、前面、
后面、中间、旁边。

昆虫是否知晓
自己飞行的线路，
该从上面穿还是下面绕?
该低还是高?

观察每只昆虫的飞行路线，它们是从植物的
上方越过，还是从植物的底下穿过？是比植
物高，还是比植物低？顺着虚线找找看。

如果火蜥蜴知道

如何展示自己对称的身体，

警示其他动物它有毒性，

是不是就不用再到处躲避？

哪只火蜥蜴看起来是对称的？你还能在图中找到哪些对称的动物？试着找一找它们的对称线。

有的海豚正跃出水面，有的海豚正落入水里，
它们是想调头、翻转，还是滑行向前？

对比左右两幅图，你能描述出每只海豚的前进方式吗？

草原狼正在寻找藏身地，
希望那里凉快又隐秘。
它们能否顺利找到，
然后安心睡个好觉。

你能为每只草原狼找到距离最近的藏身地吗？

草原狼
藏身地

所以……大自然中的其他生物真的懂
数学吗？

不可能！才不会呢！

事实上，只有一种生物需要数学，
那就是——你！

中间的孩子在用什么方式降温？左上
方的孩子怎么降温？中间一排靠右的
孩子呢？

自然笔记

夏天，雌性短吻鳄用草搭窝，然后在里面产卵，一窝卵约有30枚。短吻鳄是冷血动物，这意味着它们要待在有阳光的地方才能保持体温。雄性彩雀的羽毛非常鲜艳，其中有一些非常明亮的颜色，尤其是蓝色和金属色，只有在阳光下才会显现。

鼹鼠不分昼夜地在地下打洞，很少出来。这些地道有些是为了去另一个地方，有些是为了找食物；更深一点的洞用来做窝，以躲避夏日的酷热和冬天的严寒。鼹鼠把洞里挖出来的土都堆到地面上，形成一个个小土坡，我们称之为"鼹鼠坡"。

园蛛会织一张很大的蛛网捕虫子。蛛网上有些丝很黏，可以粘住虫子；也有不黏的丝方便蜘蛛自己在网上爬行。一旦猎物落网，蜘蛛会先咬住它，然后用丝将它裹起来，最后把它吃掉。随着园蛛成年，它还会织更大的网，蛛网在夏季最为常见。

夏天的晚上，雌性臭鼬会带着小臭鼬学习如何寻找昆虫、浆果和甲壳虫这些食物。臭鼬遇到危险会发出呼噜噜和吱吱的声音，或跺脚警告对方。如果对方还不走开，臭鼬就会转过身放一个臭屁。

成年沙蟹居住在温暖的海滩沙地里。一些沙蟹用前螯挖洞，并把洞里挖出来的沙子堆成平整光滑的锥形放在洞口。还有一些沙蟹会把挖出来的沙子铺成扇形。它们白天躲在凉快潮湿的洞里，晚上出来觅食。

在夏天的北极，独角鲸会游到冰川融化了的地方觅食，那里残留着大量的冰块。独角鲸宝宝一般在7~8月出生。圆锥形的角其实是它们的长牙，大多在雄性身上。独角鲸以鳕鱼和鱿鱼为食，它们在秋冬季吃得比夏季更多。

夏天，河狸从它们的住所里爬出来。它们会与自己的父母和兄弟姐妹一起生活两年左右。河狸以睡莲、香蒲、叶子、嫩枝、水果和香草为食，用树枝和泥巴修缮自己的住所和水坝。到了夏末，河狸会把枝条一堆一堆储存在水下，这样到了冬天，它们就有食物了。

角嘴海雀每年都会和固定的伴侣返回固定的巢穴。它们在长满杂草的海边悬崖上、圆石底下或者石缝里筑巢。海雀每窝只产1枚卵，成年海雀会潜入水中捉小鱼来喂养小海雀。夏季，小海雀慢慢长大，羽翼丰满，直到有一天，它们能自己跳进海里，迎接新生活。

通常情况下，鸣蝉的生命只有5~6周，而且不会飞到离树太远的地方。蜂鸟能悬停在花朵附近，用长长的嘴吸食花蜜。蚱蜢吃草，它们的后腿很有力，可以跳得很远。它们也能飞。大黄蜂从各种不同的花上收集花粉和花蜜。

火蜥蜴的幼体在水下孵化。整个夏天，它们都在不停地吃东西，迅速成长，然后变成小火蜥蜴，在陆地上生活两三年。接着，它们会长成水生的成年火蜥蜴，生活在缓慢流动的水中。它们的皮肤有毒，可以抵御敌人。它们的寿命大概有10年。

海豚成群地生活在温暖的海域。它们喜欢互相追逐，把海藻抛来抛去，追随船掀起的浪花。它们跃出水面，然后落下，有时背向下落下，有时侧面向下落下。海豚用脑袋上的呼吸孔呼吸，可以潜水10分钟左右。

几乎北美洲所有的大城市都有草原狼的踪迹。它们生活在公园里、峡谷中、遗弃的厂房和无人的巷子里。夏天，成年草原狼猎食老鼠、兔子和松鼠，也吃垃圾、鸟饵和树上掉下来的水果。它们通常在黎明和黄昏时出动，但是其他时间你也有可能看到它们。

巩固概念亲子游戏

1. 平面图形

所有的物体都有形状，孩子对形状的理解从生下来就已经开始了。

在这一页，父母可以跟孩子一起找找有多少个长方形、正方形、三角形和平行四边形。

活动建议：

生活中随处可见几何形状，但我们常常注意不到它们。带孩子外出的时候可以安排些小任务，比如看看今天一路上能找到哪些三角形。发现三角形，孩子可以拍照或者画下来，并标上发现它的地点。

2. 平面图形

孩子在5~6岁时会越来越理解形状的内涵。在认识同一类图形时，父母应该使用多种模型，比如认识三角形时，父母往往使用等边三角形或者等腰三角形，而忽视了不等边三角形，以至于很多孩子遇到不等边三角形时会感到困惑。

活动建议：

我说你猜。在不透明的袋子里装上一些物品，比如小玩具、贝壳、扣子……父母摸到袋子里的物品，用语言描述它，但不说出名称，让孩子来猜你说的是什么。也可以换过来，孩子描述父母猜。这既是一次很好的数学教育活动，也是一个很好的练习语言表达的机会。

3. 立体图形有很多面

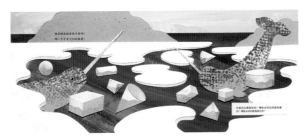

孩子感知立体图形的经验丰富之后，可以观察到立体图形有不同的面。

活动建议：

1.立体图形印画。使立体图形的某一面沾上颜料，然后将其印在纸上，看看是什么形状？顺着一个方向将这个立体图形转一圈，看看其他面是什么形状？

2.自制立体图形，如正方体的表面展开图是这样的：，沿虚线折叠可以拼成一个立方体。三棱锥和四棱锥又该如何做？

4. 对称

仔细观察会发现，生活中很多物体都是对称的，对称的物体往往让人感觉和谐。

孩子很早就在生活和艺术创作中感受到了对称。孩子经常玩耍的对称画就是利用对称作画。把一张纸对折，在其中一边用颜料画上图案，两边小心地合上再打开，图案就印到了另一边，由此得到的图案就是对称的。剪纸中也存在大量对称现象。

活动建议：

1.找找对称的物体。外出游玩时请孩子找出对称的物体，比如贝壳、蝴蝶。

2.半个变一个。半个心形怎么能变成一整个心形呢？

5. 空间感

　　上下前后里外，方向是哪边，距离有多少，这些都是空间感。在一定的空间内如何装下更多的事物也是空间感。

活动建议：

　　1.机器人。家长扮作机器人，孩子指定方位，家长走。然后换过来，家长指定方位孩子走。

　　2.让孩子钻到纸箱里，最好是比较小的纸箱，他要怎样才能把自己装进去？

　　3.画一画每天在小区散步的路线图或者小区广场的方位图。

碧桐书院幼儿园创始人 **周晓音** 提供

图书在版编目（CIP）数据

多样的形状：夏/（加）莉安·弗拉特著；（加）阿什莉·巴伦绘；周晓音译 . -- 北京：中信出版社，2023.6（2025.2重印）
（大自然中的数学）
书名原文：Math in Nature: Shaping up Summer
ISBN 978-7-5217-5335-6

Ⅰ.①多… Ⅱ.①莉…②阿…③周… Ⅲ.①数学—儿童读物 Ⅳ.① O1-49

中国国家版本馆 CIP 数据核字（2023）第 026025 号

多样的形状：夏
（大自然中的数学）

著　者：［加拿大］莉安·弗拉特
绘　者：［加拿大］阿什莉·巴伦
译　者：周晓音
出版发行：中信出版集团股份有限公司
　　　　　（北京市朝阳区东三环北路 27 号嘉铭中心　邮编　100020）
承　印：北京利丰雅高长城印刷有限公司

开　本：889mm×1194mm　1/16　　印　张：9　　字　数：160 千字
版　次：2023 年 6 月第 1 版　　印　次：2025 年 2 月第 3 次印刷
京权图字：01-2016-0078
书　号：ISBN 978-7-5217-5335-6
定　价：59.80 元（全 4 册）

出　品　中信儿童书店
图书策划　红披风
策划编辑　陈　瑜
责任编辑　王　琳
营销编辑　易晓倩　李鑫橦　高铭霞
装帧设计　哈_哈

大自然中的数学

好玩的数数：秋

[加拿大] 莉安·弗拉特 / 著　　[加拿大] 阿什莉·巴伦 / 绘

周晓音 / 译

中信出版集团 | 北京

你想过吗？动物和植物也懂数学哟！

如果自然界的万物跟你一样认识数字，那会是怎样的景象呢？

让我们来看看秋天的世界吧！

想象一下，在秋天的自然界中可以数到些什么？

树叶离开树梢，
在秋风中翩翩起舞。
谁能数清
它们到底有多少？

树上的叶子落呀落，
地上的叶子越来越多。

不要数，估计一下哪边的叶子多，
哪边的叶子少？

树上的叶子掉光光，
全部都在地上躺。
树干变得光秃秃，
再也没有绿衣裳，
帮它们把寒冷挡。

猜猜地上有多少叶子。如
果愿意的话，你也可以数
一数。

松鼠们会藏起多少橡子？

它们能否数清楚，并把数字记录？

多大的洞才能装得下这些食物？

数数每只松鼠有
几个橡子？

果实落——咚！咚咚咚！

豆荚裂——砰！砰砰砰！

它们降落时是否存在规律？

它们飘荡时是否排列有序？

试试看，如果不数，能不能知道每堆有多少果实或种子？

鲸鱼们向有阳光的、温暖的地方游去。

它们会不会比赛，谁游的速度更快？

谁是第一个？谁是最后一个？再试着说说
其他鲸鱼的位置。

如果这些嘎嘎叫的大雁
每10只结成一组，
美丽的湖面将会
多么壮观啊！

试试看，可以将10只大雁分成多少只一组？
你还能想出其他组成10的方法吗？

一对一对叉角羚，
整整齐齐排两列，
蹦蹦跳跳去远方。

两个两个地数，数数一共有多
少只叉角羚。

浣熊的脚趾如此奇异，
数起来会不会特别费力？

5个5个地数，数一数共有多少
前脚脚趾。

是不是为了树干更漂亮，

蝴蝶们才收拢翅膀，

整整齐齐排列成行？

10个10个地数，你能数
清这里有多少只蝴蝶吗？

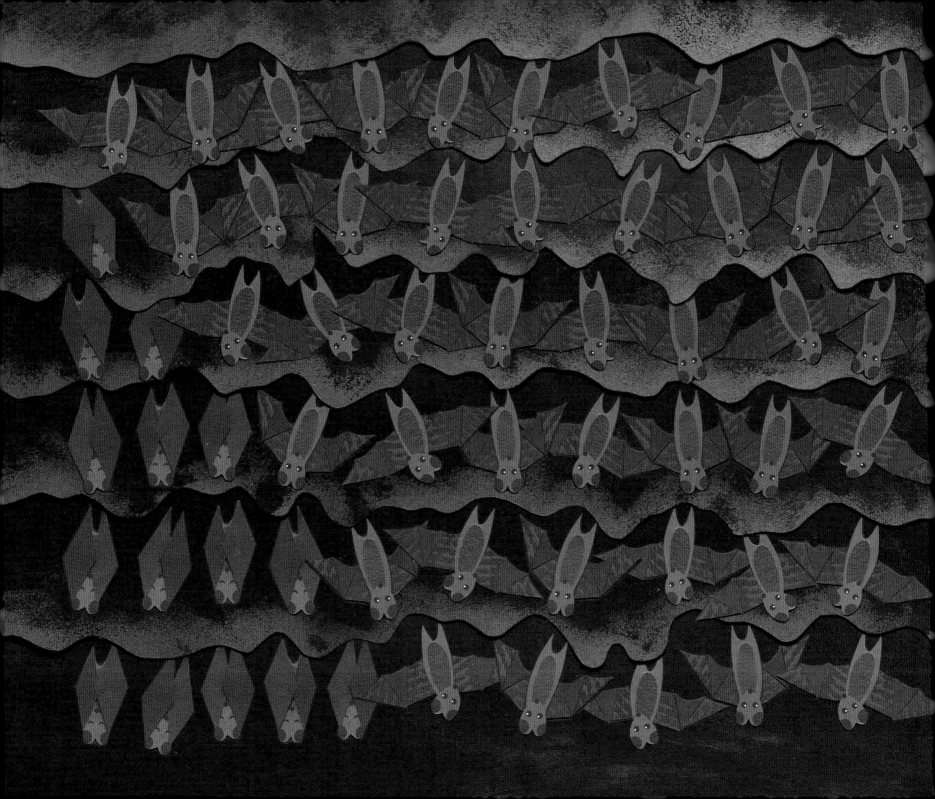

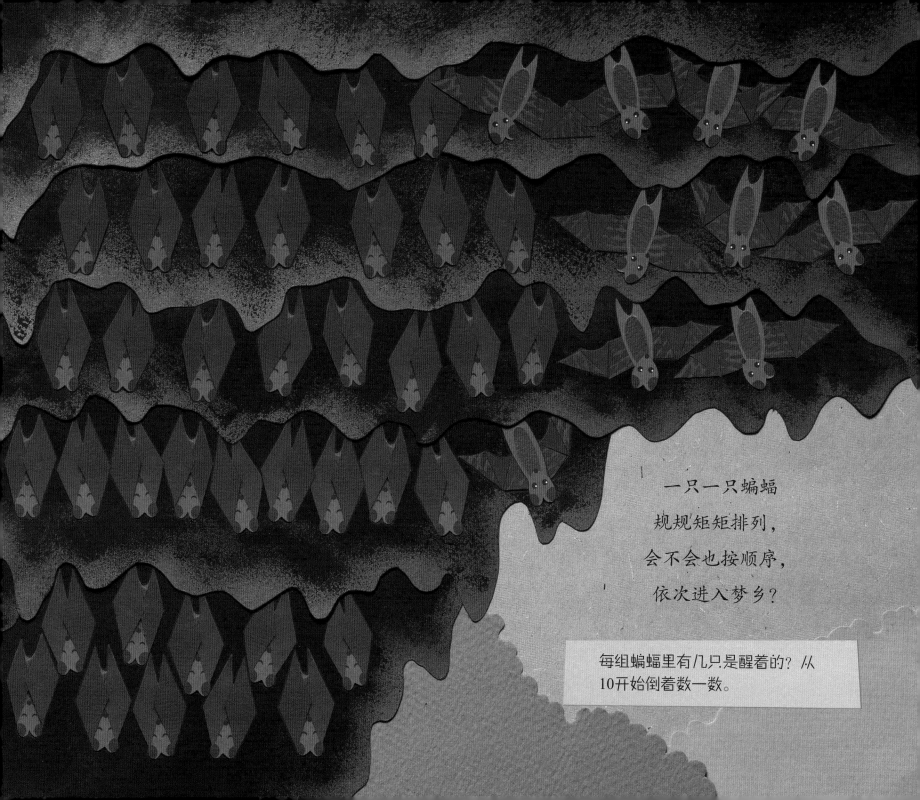

一只一只蝙蝠
规规矩矩排列，
会不会也按顺序，
依次进入梦乡？

每组蝙蝠里有几只是醒着的？从
10开始倒着数一数。

秋天已经到来，
鼠兔赶忙储备粮草。
它们是否约定
储备的数量相同？

这里有多少只鼠兔？每只鼠兔有多少堆粮草？一共有多少堆粮草？

有的熊分到的食物多，
有的熊分到的食物少，
知道真相以后，
熊们会不会争吵？

哪只熊的浆果数量是比5多2？哪只熊的浆果数量是比10少2？

一群鸟儿叫喳喳，
早上睡醒要飞离树杈。
有些想往这边飞，有些想往那边飞，
两边的数量一样吗？

这群鸟儿一共有多少只？

每群各有多少只鸟？一个整体被分成了相等的两个部分，你应该怎样称呼这种情况？

所以……大自然中的其他生物真的懂
数学吗?
不可能! 才不会呢!
事实上,只有一种生物需要数学,
那就是——你!

自然笔记

落叶乔木，如枫树、橡树和白蜡树，进入秋天就开始落叶。叶子先是变成红色、橘红色或者黄色，然后飘落。很多像花腹盖蛛这样的小生物就是躲在落叶底下过冬的。

东美松鼠既有灰色的也有黑色的。当秋季来临，它们便开始为过冬准备食物，把橡子、胡桃、核桃、山核桃和松子这些坚果埋到地下。冬天，松鼠会靠嗅觉寻找自己收集的食物，有时它们会遗漏一些，这些被遗漏的种子第二年就长成了新的小树。

乳草的种子在豆荚里，长得像毛茸茸的降落伞，豆荚变干后炸裂，种子就会被风吹到新的地方。黑莓的种子藏在果实里，动物吃了果实后，种子会通过动物的粪便排出，之后，在排便的地方就会长出新的黑莓。

随着气温下降，座头鲸会成群结队地迁徙到温暖的热带水域，并在那里生下小宝宝。小座头鲸靠喝母乳成长，但是成年座头鲸在热带水域吃得很少，因为那里很难发现它们的主要食物——小鱼和磷虾。座头鲸主要生活在太平洋和大西洋里。

加拿大黑雁到了秋天就成群地向南飞，飞到水和土壤都不会冻结的地方，它们飞行的时候常常组成"人"字形。头雁最辛苦，所以大雁们会轮流做头雁。

叉角羚奔跑的速度可以达到每小时86千米，几乎跟汽车一样快。它们生活在草原上，每年秋天会向水草充足的南方迁徙。叉角羚很少喝水，主要从所食的植物里获取水分。

浣熊既可以生活在野外，也可以生活在城市里。它们有四只脚爪，每只上面都有五个脚趾。它们昼伏夜出。在野外，浣熊以水果和一些小生物为食，如小龙虾、青蛙、老鼠、蟋蟀，以及一些软体动物；而在城市里，浣熊喜欢在垃圾桶里找吃的。

黑脉金斑蝶在秋天迁徙到南方。白天它们独自飞行，夜晚它们成群结队地休息。夜间，一个栖息地可能会停落成千上万只黑脉金斑蝶。它们一般栖息在便于采集花蜜的树林里。

秋天，成群的小棕蝠会躲进地下的洞穴或矿井里 ，那里的温度维持在零度以上。一些蝙蝠需要迁徙才能找到这样的地方过冬。一个洞里有时能容下1万多只蝙蝠，那儿就是它们的越冬场所。蝙蝠们头朝下倒吊着冬眠。

鼠兔生活在山区。它们会收集自己喜欢吃的野花和青草，把它们堆成小草垛。草垛在阳光的照射下变成干草，鼠兔有时也会把它们搬来搬去，让它们干得更快。之后，鼠兔把这些干草堆深深地藏入自己的洞穴里，冬天便以它们为食物。

从夏末到整个秋天，黑熊会吃很多东西以积蓄过冬的脂肪。它们几乎什么都吃，但格外喜欢浆果、坚果，以及植物的根。它们会在树根下、山洞中或者树洞里，找一个可以蜷缩的地方过冬。

生活在加拿大和美国北部的紫拟椋（liáng）鸟在秋天会迁徙到南方。这种鸟体形比较大，叫声很吵，以玉米、种子、小鱼、水蛭、橡子、蝗虫、甲壳虫和毛毛虫等为食。它们常和八哥等其他黑色的鸟儿结成一大群，栖息在树上或电线上。

巩固概念亲子游戏

1.多和少

多和少是非常基础的数学概念，1岁半左右的孩子就可以理解这个概念。父母可以经常带孩子玩一个游戏：两组物体不要数，猜猜哪组的更多。

活动建议：

取两堆葡萄干（或者其他孩子喜欢的健康食品），不要数，猜猜哪堆更多。在一堆里拿走几颗吃掉后，猜猜哪堆剩得更多？一边吃一边玩，又好吃又好玩，还可以增进亲子感情。

2.估算

估算就是不用数就说出具体的数量，这是一种非常重要的数感能力。估算有两种方式，一种是感知估算，也就是凭感觉得到答案；一种是概念估算，就是把一组物品分成几组分别估算，然后合在一起。比如把5粒种子看成3粒和2粒的组合，再得到5。

孩子一般从4开始了解估算，也就是说4个以内物品，他们通常不需要数就能说出答案。

3.排序

第一、第二、中间和最后，这些词都涉及排序。孩子从出生起就逐渐建立排序概念。比如在日复一日的生活中，孩子了解到每天的生活顺序：早上起床先喝牛奶，再到户外，回家玩一会儿吃中午饭，然后午休。所以，在人生的最初几年，规律生活不仅为孩子带来安全感，也在帮他们形成最初的数学概念。

活动建议：

引导孩子观察：谁走在最前面？谁在中间？谁是最后一个？逐步可以引申到：某人前面第三个是谁？从后向前数第五个是谁？

4.数数

并不是会背"1、2、3……100"就是会数数。数数需要孩子知道：①一个数词对应一个数过的物体；②按正确顺序说出数词，也就是"1、2、3"；③计数可以从任何一个物品开始；④最后一个数是物品的总数。换句话说，能准确地数出一堆物品有多少才是懂得数数。

5岁左右的孩子可以开始尝试两个两个地数，5个5个地数，10个10个地数。

活动建议：

使用包含上面3种数数方式的儿歌、音乐、故事，正着数和倒着数都可以。类似传统儿歌《数蛤蟆》："一只蛤蟆一张嘴，两只眼睛四条腿；两只蛤蟆两张嘴，四只眼睛八条腿……"

5.部分和整体

如果这些由嘎嘎叫的大雁
每10只组成一组，
美丽的湖面将会
多么壮观啊！

（活动页，认认图片7大雁的数量分5只一组，
你会数数出共有多少个10的分组吗？）

　　一定数量的物品能被分成几个部分，而几个部分又能组成整体，这就是部分和整体的概念。比如10，可以分解成5+5，也可以分解成4+6，还可以分解成2+2+2+2+2，或者1+1+8……熟练掌握这些后，孩子会自然地进行加减法运算。

　　把整体分成相等的几份是学习分数的基础。

活动建议：

　　请孩子帮忙给家人分东西，比如10个苹果怎么分给5个人？有几种可能的分配方法？跟孩子讨论哪种分配方式最好，听听他怎么说。

碧桐书院幼儿园创始人 **周晓音** 提供

图书在版编目（CIP）数据

好玩的数数：秋 /（加）莉安·弗拉特著；（加）阿什莉·巴伦绘；周晓音译 . -- 北京：中信出版社，2023.6（2025.2重印）
（大自然中的数学）
书名原文：Math in Nature: Counting on Fall
ISBN 978-7-5217-5335-6

Ⅰ.①好… Ⅱ.①莉…②阿…③周… Ⅲ.①数学—儿童读物 Ⅳ.① O1-49

中国国家版本馆 CIP 数据核字（2023）第 026026 号

好玩的数数：秋
（大自然中的数学）

著　者：［加拿大］莉安·弗拉特
绘　者：［加拿大］阿什莉·巴伦
译　者：周晓音
出版发行：中信出版集团股份有限公司
　　　　　（北京市朝阳区东三环北路 27 号嘉铭中心　邮编　100020）
承　印：北京利丰雅高长城印刷有限公司

开　本：889mm×1194mm　1/16　印　张：9　字　数：160 千字
版　次：2023 年 6 月第 1 版　印　次：2025 年 2 月第 3 次印刷
京权图字：01-2016-0078
书　号：ISBN 978-7-5217-5335-6
定　价：59.80 元（全 4 册）

出　　品　中信儿童书店
图书策划　红披风
策划编辑　陈　瑜
责任编辑　王　琳
营销编辑　易晓倩　李鑫橦　高铭霞
装帧设计　哈_哈

大自然中的数学

有趣的测量：冬

[加拿大] 莉安·弗拉特 / 著　[加拿大] 阿什莉·巴伦 / 绘

周晓音 / 译

中信出版集团 | 北京

你想过吗？动物和植物也懂数学哟！

如果自然界的万物跟你一样认识数字，那会是怎样的景象呢？

让我们看看冬天的世界吧！

想象一下，在冬天的自然界中可以测量到什么？

北风呼啸，
将冰雪制造。
在那高高的云端，
雪花是否同样大小？

洁白的雪花，

摇摆着，

摇摆着，

飘落到地面来。

它们从多高的空中飘下？

它们覆盖到地面有多厚？

测一测积雪有多厚。

雪花能飘多远?

是否所有雪花飘得一样远?

这要看,

它从哪里飘来,将要落到什么地点。

雪鸮从一处栖息地转移到另一处要飞多远?

黑顶山雀和红衣主教鸟，

到了冬天食物少，

这么大的喂食盆能否将它们喂饱？

每个喂食盆有几只鸟那么长？

这两个喂食盆的大小一样吗？

只要蹦几步，
雪鞋兔就能找到食物，
而鹿鼠却要多跑好多步。
鹿鼠会不会很羡慕雪鞋兔？

这段距离对鹿鼠来说有几步远？对雪鞋兔呢？

雪跳蚤在雪地上蹦跳着前行，
它们是不是有意保持整齐的队形？

这块充满阳光的地方有多少只
雪跳蚤？

水獭喜欢滑到水里嬉戏，

但它们有没有测量过，湖的面积够不够大？

每个湖能容纳多少只水獭？哪个湖
更大？

跷跷板两边，
坐着北极熊妈妈和宝宝。
看一看，哪边跷得更高？

哪边更重？熊妈妈还是熊宝宝？

豪猪是不是每天都把剩余的松枝堆成小山，

这样，数一数小山就知道过去了多久？

数数松枝堆，看看已经过去了多少天？你还知道其他描述时间长度的词语吗？

12只麝牛围成一圈，
就像一块钟表，
来告诉柳雷鸟现在的时间。

这块"麝牛钟表"指示的时间是几点？早上7点，中午12点15分，还是晚上8点？是否可以把它们称为早餐时间、午餐时间或者睡眠时间？

冰层将湖面覆盖，

湖底有怎样的精彩？

动物们会不会互相比较，甚至彼此竞赛？

哪只龟最高？

哪只蛙最胖？

哪条鳟鱼最小·?

哪条鲈鱼最大?

哪条鳕鱼最长?

鼬是否知道，

一周的时间虽然很短，

却会让它白色的皮毛消失不见？

试试看，按照鼬的毛由白变棕的过程，
为图片排列顺序。你能为这一周的每一
天命名吗？

土拨鼠在洞中冬眠，
静静等待春天。
它是否会在心底计算，
距离醒来还有多少天？

日历上哪一天是用圆圈标注
出来的？土拨鼠在哪几个月
冬眠？

冬天有多长？你是如何知晓？

难道寒冷又下雪，就意味着冬天已来到？

冬天何时离去？在哪天终了？

结束的那天晚上，天边是否会有五彩的极光闪耀？

在你居住的地方，哪个月是冬天？

冬天是否总是结冰？

冬天是否总是很冷？

想一想你居住的地方，

冬天是什么情景？

想想看，在你生活的
地方冬天是什么样的？

所以……大自然中的其他生物真的懂
数学吗?

不可能!才不会呢!

事实上,只有一种生物需要数学,

那就是——你!

自然笔记

　　和其他猫头鹰不一样，雪鸮在白天也活动，它生活在寒冷的北方，甚至高纬度的北极冻原也有它的踪迹。捕猎时，它通过非常敏锐的听觉发现藏在雪下的猎物，一天最多可以吃5只旅鼠。

　　冬天，红衣主教鸟会聚集成一大群。它们主要以植物的种子和果实为食，也经常吃喂食盆里的食物。黑顶山雀则是俯冲进喂食盆，叼一粒种子，然后飞走，它们更喜欢把种子和其他食物藏起来，以后再吃。黑顶山雀通常群居，有时还会跟其他种类的鸟混居。

　　鹿鼠把食物藏在诸如树洞这样的地方。在冬夜，鹿鼠回到自己的储藏室吃东西，或者找寻其他食物。雪鞋兔的后脚很大，长着很多毛，毛茸茸的后足能让它在雪上立住而不陷进去。这两种动物都会在雪地上留下脚印。

　　雪跳蚤喜欢居住在潮湿的地方。在冬天有阳光的日子，你经常可以在树根附近看到它们。后足发达的它们肚子附近还长有弹器，弹器会帮助它们在雪地或路面上弹来弹去，甚至跳到空中。

　　水獭喜欢嬉戏。无论冬夏，它们都喜欢顺着山坡滑进水里，溅起水花。水獭有蹼的脚可以帮助它们游泳，它们还能关闭鼻孔和耳朵以避水。

　　从10月中旬开始，雌性北极熊开始在雪堆里挖洞，然后在里面生下小熊，通常一次生两只。在漫长的冬季，小熊吃母熊的乳汁，而母熊什么都不吃。直到第二年的三四月份，它们才从洞里出来。

铁杉、松树、云杉这些常绿乔木的针叶即使在冬天也不会落下。针叶上的角质层可以在寒冷干燥的冬季减少水分流失。晚上，北美豪猪会爬到树上吃树皮、树枝和针叶，雪地上会留下它们的脚印。

如果麝牛觉得有危险，就会头冲外围成一圈。柳雷鸟到了冬季大部分羽毛会变成白色，脚趾上也会长出羽毛，就像穿了一双雪鞋。麝牛和柳雷鸟大多生活在北极。

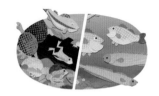

湖水结冰时，鲈鱼、鳟鱼很少游动，吃得也很少。江鳕生活在湖底，它们在浅水处的冰面下产卵。鳄龟把自己埋入湖底的泥巴里冬眠。北美豹蛙也在水下冬眠，不过它们通常坐在泥巴上面，或者将身体的一部分埋到泥巴里。

鼬的皮毛在冬天是白色的，但在一年的其余时节都是棕色的。整个冬天，它们都会捕捉田鼠和鹿鼠，也会储藏部分猎物留到食物短缺的时候再吃，鼬用草、树叶甚至猎物的皮毛划定自己住所的边界。

土拨鼠又叫旱獭。冬天，土拨鼠蜷缩在地下的洞里冬眠。冬眠期间，它们的心跳变得非常缓慢，一分钟只有4~5下。这期间它们不吃不喝，直到春天来临。

我们把出现在北极附近天空的五颜六色的光叫作北极光。北极光是来自太阳的能量和地球大气相互作用产生的现象。通常，观察北极光的最佳时间是冬末春初。

巩固概念亲子游戏

1.任意单位测量

如何形容鸟儿飞了多远？雪有多厚？数数雪花就知道。比如鸟儿飞了15片雪花那么远。这种测量方式就是任意单位测量。

任何物品都可以成为测量工具。比如孩子用脚测量东西的长度，"这个东西有10只脚那么长"，那么脚就是测量工具。长度、质量、体积，甚至时间，都可以用这种测量方法表示。在孩子进入正式测量学习之前，应该积累大量的任意单位测量的经验。

活动建议：

用牙签量一量洋娃娃有多高，用水杯量一量水桶里有多少水。还可以鼓励孩子自己找工具测量。

2.比较

两个喂食器都有4只鸟儿那么长，为什么大小看上去不一样？那是因为两边的鸟儿大小不一样。

利用尺子、量杯等工具测量的方式是标准单位测量。孩子在比较中发现了任意单位测量产生的问题，就可以理解为什么要使用标准单位测量了。

活动建议：

父母和孩子一起用脚量一下物体的长度，会发现两个人的答案不同。

将同样大小、同样数量但高度不同的积木垒起来也是很直观的活动。分别垒成两摞，高度会有明显差别。重点是出现问题后，父母要引导孩子观察、发现原因。

3.时间的测量

时间很难测量，因为它看不见、摸不着，很少有线索能帮助孩子掌握时间概念。孩子早期的时间概念建立在与自己生活相关的事件上，比如早饭到午饭之间是上午，周一至周五上幼儿园可以建立星期的概念，通过节假日则能够理解月份的轮回。

本页中每天堆一堆松枝，用松枝堆的数量测量时间长度就是一种时间的测量方式。用孩子能够感知的方式表达，会帮助他们更好地理解时间。

活动建议：

沙漏、煮蛋计时器都是让时间变得直观的工具。家长催促孩子"5分钟后我们要……"往往发挥不了作用，孩子依然磨蹭，因为孩子对5分钟这个时长没有概念，放一个沙漏在旁边，效果说不定会好一些！

4.认识钟表

时间的测量也有任意单位测量和标准单位测量两种方法。俗语说"一袋烟那么久"，就是任意单位测量，而通过小时、分钟、秒来测量就是时间的标准单位测量。

活动建议：

制作一张一日活动流程表（形式类似于后面提到的周计划表，左侧由父母标上时间，右侧由孩子写或者画活动内容）。

5.理解星期

相对于一天，星期是更长的时间跨度，一周中每天的特定事件会帮助孩子理解周而复始的星期概念。

活动建议：

周计划表。父母可以带孩子一起计划下一周的活动，如每天放学后读哪本书或者做什么游戏。把它记录下来并按照记录操作，这既有助于孩子理解星期的概念，也有助于他们对自己的事情进行规划，学会自控。

碧桐书院幼儿园创始人 周晓音 提供

图书在版编目（CIP）数据

有趣的测量：冬 /（加）莉安·弗拉特著；（加）阿什莉·巴伦绘；周晓音译 . -- 北京：中信出版社，2023.6（2025.2重印）
（大自然中的数学）
书名原文：Math in Nature: Sizing up Winter
ISBN 978-7-5217-5335-6

Ⅰ.①有… Ⅱ.①莉…②阿…③周… Ⅲ.①数学—儿童读物 Ⅳ.① O1-49

中国国家版本馆 CIP 数据核字（2023）第 026027 号

有趣的测量：冬
（大自然中的数学）

著　者：［加拿大］莉安·弗拉特
绘　者：［加拿大］阿什莉·巴伦
译　者：周晓音
出版发行：中信出版集团股份有限公司
　　　　　（北京市朝阳区东三环北路 27 号嘉铭中心　邮编 100020）
承　印者：北京利丰雅高长城印刷有限公司

开　本：889mm×1194mm　1/16　　印　张：9　　字　数：160千字
版　次：2023 年 6 月第 1 版　　印　次：2025 年 2 月第 3 次印刷
京权图字：01-2016-0078
书　号：ISBN 978-7-5217-5335-6
定　价：59.80 元（全 4 册）

出　品　中信儿童书店
图书策划　红披风
策划编辑　陈 瑜
责任编辑　王 琳
营销编辑　易晓情　李鑫橦　高铭霞
装帧设计　哈 _ 哈